小实验串起科学史（第20全）

从细菌学到抗生素的发明

路虹剑 / 编著

化学工业出版社

·北京·

图书在版编目（CIP）数据

小实验串起科学史. 从细菌学到抗生素的发明 / 路
虹剑编著 . —北京：化学工业出版社，2023.10
ISBN 978-7-122-43908-6

Ⅰ . ①小⋯ Ⅱ . ①路⋯ Ⅲ . ①科学实验 - 青少年读物
Ⅳ . ①N33-49

中国国家版本馆 CIP 数据核字（2023）第 137521 号

责任编辑：龚 娟 肖 冉　　　　　装帧设计：王 婧
责任校对：宋 夏　　　　　　　　插　画：关 健

出版发行：化学工业出版社（北京市东城区青年湖南街 13 号 邮政编码 100011）
印　　装：盛大（天津）印刷有限公司
710mm×1000mm　1/16　印张 40　字数 400 千字
2024 年 4 月北京第 1 版第 1 次印刷

购书咨询：010-64518888
售后服务：010-64518899
网　　址：http://www.cip.com.cn
凡购买本书，如有缺损质量问题，本社销售中心负责调换。

定价：360.00 元（全 20 册）

作者序

在小小的实验里挖呀挖呀挖,
挖出了一部科学史!

  一个个小小的科学实验,好比一颗颗科学的火种,实验里奇妙、有趣的科学现象,能在瞬间激起孩子的好奇心和探索欲。但这些小实验并不是这套书的目的和重点,它们只是书中一连串探索的开始。

  先动手做一个在家里就能完成的科学实验,激发孩子的好奇,自然而然地,孩子会问"为什么",这时候告诉他这个实验的科学原理,是不是比直接灌输科学知识更能让孩子接受呢?

  科学原理揭秘了,孩子的思绪就打开了,会继续追问:这是哪位聪明的科学家发现的?他是怎么发现的呢?利用这个科学发现,又有哪些科学发明呢?这些科学发明又有哪些应用呢?这一连串顺

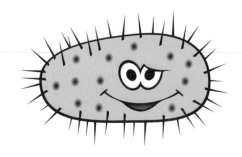

理成章、自然而然的追问，是不是追问出一部小小的科学史？

你看《从惯性原理到人造卫星》这一册，先从一个有趣的硬币实验（实验还配有视频）开始，通过实验，能对经典物理学中的惯性有个直观的了解；紧接着通过生活中的一些常见现象来加深对惯性的理解，在大脑中建立起看得见摸得着的物理学概念。

接下来，更进一步，会走进科学历史的长河，看看是哪位伟大的科学家首先发现了惯性原理；惯性原理又是如何体现在宇宙中星体的运动里的；是谁第一个设计出来人造卫星，这和惯性有着怎样的关系；我国的第一颗人造卫星是什么时候发射升空的……

这套书共有 20 个分册，每一个分册都有一个核心主题，从古代人类文明，到今天的现代科技，内容跨越了几千年的历史，能读到伽利略、牛顿、法拉第、达尔文等超过 50 位伟大科学家的传奇经历，还能了解到火箭、卫星、无线电、抗生素等数十种改变人类进程的伟大发明的故事。

这套书涉及多个学科，可以引导孩子在无数的"问号"中深度思考，培养出科学精神、科学思维、科学素养。

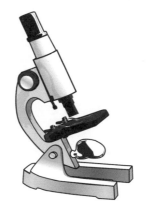

目　录

你相信吗？在我们生活的世界里，除了肉眼可以看到的各种动物、植物以外，还有一些我们无法直接观察到的"小生物"，这就是微生物。微生物的种类有很多，例如细菌、真菌、病毒等，那么人类最早是怎样观察到它们的呢？别着急，让我们先通过下面这个小实验来了解一下微生物吧。

我们生活在一个到处是微生物的世界里

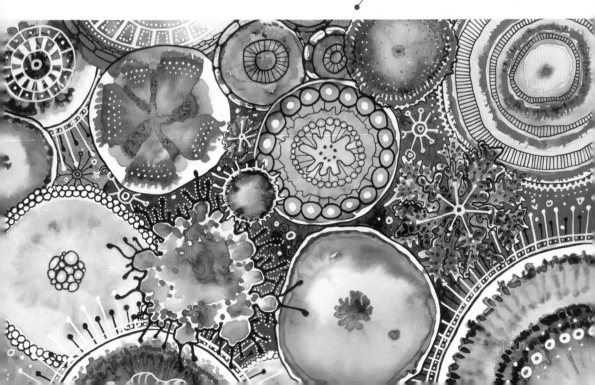

小实验：酵母吹气球

除了用嘴和用打气筒可以让气球鼓起来，有没有更有趣更省力的方式充气球呢？接下来，让我们试一试。

实验准备

酵母、白糖、瓶子、水和气球。

扫码看实验

实验步骤

1

将白糖和酵母倒入瓶子，摇匀。

瓶中倒入水，然后将气球套在瓶口上。

摇晃瓶子，放置一段时间后，气球被吹了起来。

实验背后的科学原理

　　酵母其实是一种单细胞真菌，一种肉眼看不见的微生物，能将糖发酵成酒精和二氧化碳。酵母菌分布于整个自然界，在有氧和无氧条件下都能够存活，是一种天然发酵剂，人们用它发酵面团，能把面粉中的糖分解成为二氧化碳和水，让面包变得香甜松软。

　　这个小实验，其实是一个酵母菌发酵的过程。酵母菌在水中分解白糖，产生了气体二氧化碳，在实验过程中，我们能看到从水中不断冒出气泡。瓶子和气球之间构成了一个密闭的空间，二氧化碳无处可去，所以把气球给吹了起来。

酵母菌是一种天然发酵剂

什么是微生物?

我们的地球上有很多种生物,比如我们熟悉的猫、狗、鱼等动物,花、树等植物,这些有生命的物体都属于生物。但是你知道吗? 还有一类我们用肉眼难以看清,需要借助显微镜才能观察到的一些微小生物,也属于生物,这就是微生物。

虽然微生物用肉眼看不清,但却和我们人类的生活与健康息息相关。微生物中最为常见的有细菌、真菌和病毒等,其中细菌和真菌都有细胞,而病毒没有细胞。像实验中用到的酵母,就是一种真菌生物。

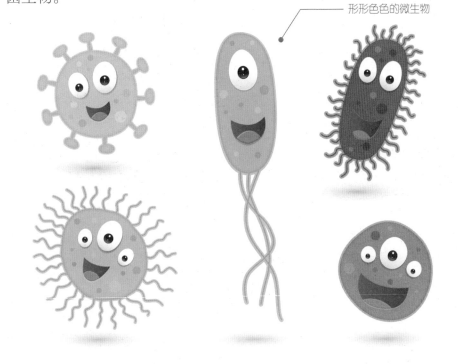

形形色色的微生物

一直到几百年前,人们都只能观察到肉眼可以看到的事物,对于微观世界的了解几乎为零,但这一切,从显微镜问世之后,被彻底改变了,人们仿佛看到了一个全新的世界。

最早发现微生物的人

　　历史学家不确定谁是第一个观察到微生物的人，但显微镜在 17 世纪中期出现后，英国科学家罗伯特·胡克（1635—1703）用显微镜进行了细致的观察，并以首次观察到细胞而闻名。但胡克并没有通过显微镜观察到微生物。

罗伯特·胡克是第一位观察到细胞的科学家

17 世纪 70 年代一位名叫安东尼·范·列文虎克（1632—1723）的荷兰商人、科学家对微观生物进行了仔细的观察，他称之为"小动物"（微生物）。范·列文虎克向当时的科学界揭示了微观世界，被认为是第一个对原生动物、真菌和细菌提供准确描述的人，也是奠定了微生物学基础的科学家。

范·列文虎克一生制作了 500 多个光学透镜。他还制作了至少 25 台不同类型的单透镜显微镜，其中只有 9 台保存了下来。这些显微镜的镜框是银的或铜的，镜框上有手工制作的透镜。他用这些显微镜观察到了此前没有人能够看到的微观世界。例如：

1674 年，他观察到了滴虫（一种原生动物）；

1682 年，他观察到了肌肉纤维的带状图案；

1683 年，他观察到了细菌，其中包括来自人类口腔的月形单胞菌；

……

尽管范·列文虎克只是商人出身，并没有专业科学家的背景，但他的研究得到了英国皇家学会（全称"伦敦皇家自然知识促进学会"）

列文虎克用自制的显微镜观察到了微生物

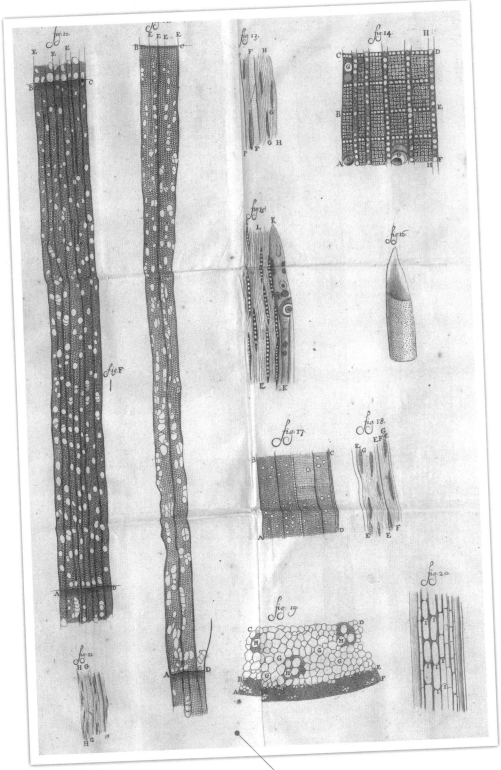

1708 年列文虎克的观察记录

的认可，这是当时全欧洲甚至是全世界最权威的科学学术机构。

1673 年，英国皇家学会发表了范·列文虎克的一封信，其中包括他对霉菌、蜜蜂和虱子的微观观察。到离世之前，范·列文虎克一共给英国皇家学会和其他科学机构发出了 560 封信，即使在他生命的最后几周，范·列文虎克仍在向伦敦寄去充满观察的信件。

1718 年，列文虎克在信中描绘了自己的一些发现

在最后几封信中，他对自己的病情做了准确的描述。范·列文虎克患有一种罕见的疾病，腹部不受控制地运动，现在被称为"范·列文虎克病"。1723 年 8 月 26 日，范·列文虎克去世了，享年 90 岁。

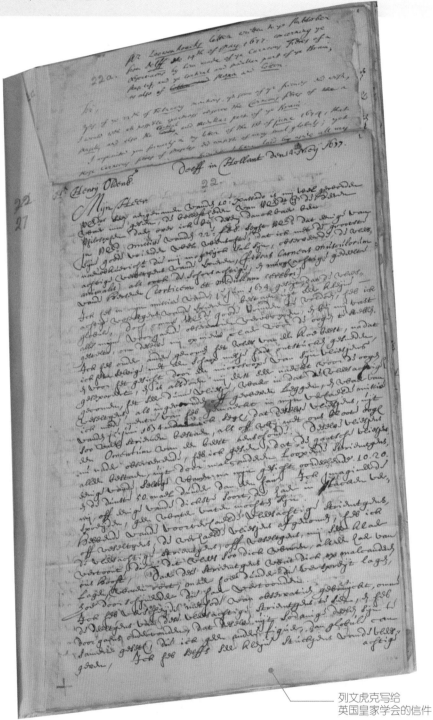

列文虎克写给
英国皇家学会的信件

　　遗憾的是，范·列文虎克离世后，由于显微镜的稀少和人们对
微生物的兴趣不高，微生物学的研究没有得到迅速的发展。

细菌到底长什么样子？

对于我们普通人来说，想要看清楚细菌的样子一定是一件十分困难的事情，因为细菌实在太小了，它们的平均直径在 1 微米～2 微米，我们通常只能借助显微镜来观察它们。

用显微镜观察细菌很容易，只需将水滴滴到玻璃片上，再把一点点细菌沾到水滴里，放在显微镜下观察，就可以看到细菌的样貌了。但是如此只能看到细菌大概的轮廓，如果想要更加细致地观察细菌，还需要用化学物质处理一下细菌，这些化学物质与细菌接触后能够使其染上颜色，再用显微镜观察就能够看清楚细菌真实的样子了。

染色后更容易观察到细菌

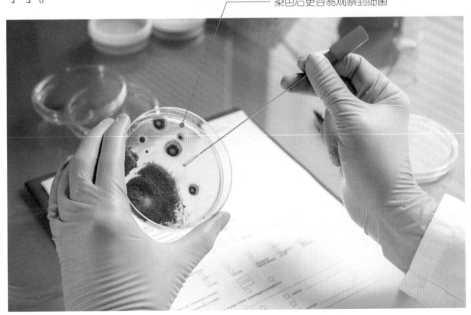

那么细菌到底长什么样子？是和昆虫一样，有眼睛、鼻子、嘴巴，还是和植物一样，有花朵、叶子、果实？

其实细菌的样子十分简单，主要有三类：一类是长得和皮球一样的球菌；另一类是长得像胶囊一样的杆菌；还有一类是长得和弹簧类似的螺旋菌。除此之外，还有一些形状比较特别的细菌，比如方形和星形细菌。

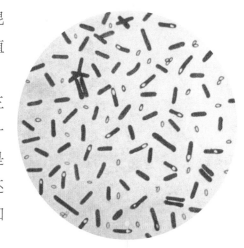

显微镜下的一种肉毒杆菌

虽然细菌是单细胞生物，但它们也经常以不同的方式生活：有的是两个粘在一起；有的是一队细胞排成链状；还有的是一群细胞聚在一起。大部分细菌的表面长有坚固的细胞壁，但有的细菌在细胞壁外面还有一层黏黏的荚膜，有的细菌还长满了像头发一样的菌毛和鞭毛。

随着科学技术的不断发展，一定还会有更多长相奇特的细菌被发现。

千奇百怪的微生物

细菌学的诞生

法国微生物学家、化学家路易斯·巴斯德（1822—1895）在19世纪中后期对细菌等微生物进行了深入的研究，奠定了微生物学的发展，因此也被称为"细菌之父"和"微生物学之父"。

巴斯德出生在一个贫穷的制革工人的家庭里，年少时他最大兴趣不是学习，而是素描，他为父母、朋友和邻居画了很多画像。中学时，巴斯德在学校表现普通，但很爱问问题，凡事追根究底，就这样不断地发问、学习，对化学、物理和艺术都有浓厚兴趣的巴斯德逐渐成为一名"学霸"。

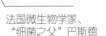

法国微生物学家、
"细菌之父"巴斯德

1846年，23岁的巴斯德从巴黎高等师范学院毕业，并通过了物理教授资格考试。在同一年，巴斯德进入了法国化学家安东尼·巴拉尔（1802—1876）的实验室担任助理，并开始了自己的化学研究和实验。

在当时，法国的啤酒、葡萄酒业非常繁荣，但酒商们经常会遇到啤酒、葡萄酒在放置一段时间后变质变酸的情况，只能整桶倒掉。1856年，法国里尔的一位酒厂老板请求巴斯德帮助寻找原因，看看能否避免葡萄酒变酸。

　　这是一个很有趣的请求，巴斯德答应了下来，并开始用显微镜仔细研究。经过反复细致的观察，巴斯德最终发现，当葡萄酒和啤酒变酸后，酒液里有一种活跃的乳酸杆菌，就是这种"坏蛋"在酒液里繁殖，使酒"变酸"。

正在研究和思考中的巴斯德

那么，怎么杀死这些细菌呢？巴斯德开始尝试各种方法，终于，他找到了一个简单又有效的办法——只要把酒放在56摄氏度的环境里待上半小时，就可以杀死这些细菌。这个方法沿用至今，被称为"巴氏杀菌法"。我们今天喝到的消毒牛奶，通常都采用了这种方法。

"巴氏杀菌法"
能避免牛奶变质

千百年来，普遍流行着一种"自然发生说"。该学说认为，不洁的衣物会滋生蚤虱，污秽的死水会自生蚊，放久的肉汤会自生蛆虫等。根据该学说，生物可以从它们所在的物质元素中自然发生，而不是通过生物繁衍产生。在科学还不发达的年代，"自然发生说"得到了很多人的支持。

但这一理论被巴斯德的实验推翻了。他设计了一个实验，用两种瓶子（曲颈瓶、直颈瓶）存放同样的肉汁，然后分别用火加热——给肉汁及瓶子杀菌。巴斯德让放在曲颈瓶里的肉汁不再和空气接触，结果4年之后，肉汁依然没有腐败。而放在直颈瓶里的肉汁，由于接触到了空气中的细菌，很快就变质了。

巴斯德的实验充分表明，万物都不是自然会发生的，即使是小小的细菌也是如此。他的实验和观点很快得到大众的信服。也正是因为巴斯德的发现，人们才意识到伤口的腐烂和疾病的传染，都和细菌有着密不可分的关系。于是，消毒和预防疾病传染的方法在医学界盛行起来。

巴斯德细菌实验的示意图

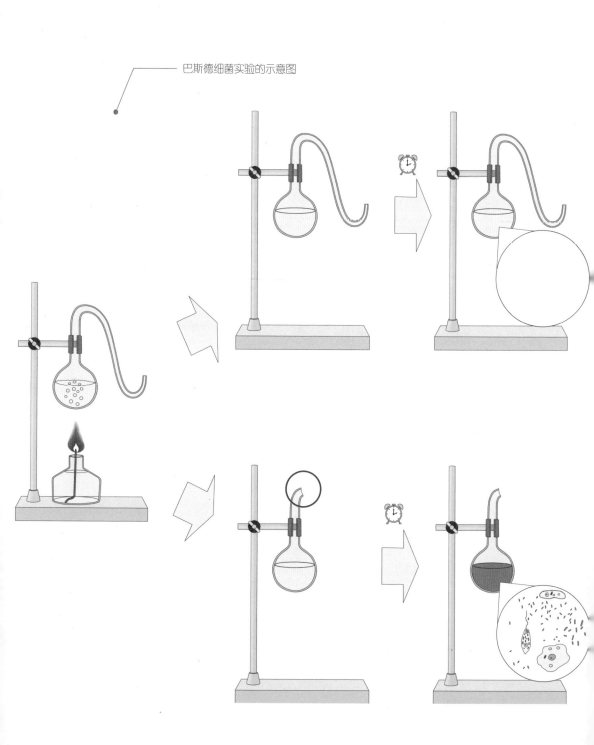

紧接着，德国科学家、生物学家罗伯特·科赫（1843—1910）进一步通过实验研究证实了炭疽热的病原细菌——炭疽杆菌。炭疽热是一种"臭名昭著"的传染性疾病，患上这种病的人，身上会出现黑炭一般的焦痂。人和动物都有可能被感染，并导致死亡。

科赫开创性地将炭疽菌与其他任何类型的生物体分开培养。然后，他将纯培养的菌注入小鼠体内，结果表明，这种菌一定会导致炭疽热。这也是人类历史上第一次证明了一种特定的微生物，会引起一种特定疾病。

德国生物学家科赫

科赫不仅找到了炭疽热的原因，而且还陆续分离出伤寒杆菌、结核病细菌、霍乱弧菌等病原体，他还为研究病原微生物制订了严格准则，被称为"科赫法则"，为病原生物学的发展奠定了基础。1905 年，科赫因为举世瞩目的研究成绩，获得了诺贝尔生理学或医学奖。

有了巴斯德和科赫等科学家对微生物的研究，人类对于细菌及疾病有了全新的认识。微生物学的黄金时代出现了，在此期间，不同传染病的多种病原被确定。在这一时期发现了许多微生物疾病的病原，从而能够通过阻断微生物的传播来制止流行病。

显微镜前的科赫

细菌是如何伤人的?

病菌感染人体后，有的会让人发热怕冷，有的会让人上吐下泻，还有的会让人浑身疼痛。细菌使用的是什么武器，威力竟然如此强大？

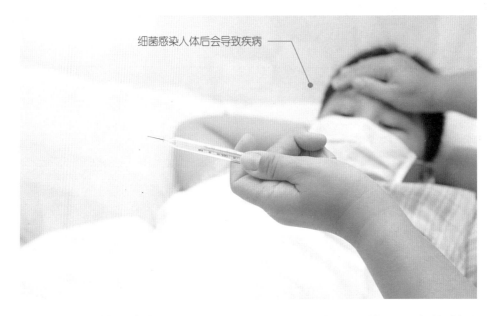

细菌感染人体后会导致疾病

这一切的威力都要归咎于"毒素"。毒素是细菌在正常代谢过程中产生的一类有毒物质，有两种类型，分别是外毒素和内毒素。

外毒素是细菌产生并分泌到体外的一类有毒蛋白质，自从巴斯德的两个学生亚历山大·耶尔森和埃米尔·鲁克斯，在1888年从白喉杆菌中发现了白喉毒素，人类便开始认识到了细菌毒素。

随后，破伤风杆菌的毒素和肉毒杆菌的毒素又相继被发现，到现在，已经发现了300多种细菌毒素。这些不同结构的毒素会给人的身体带来各种各样的伤害。例如生存在鼻咽黏膜上的白喉杆菌，它们能分泌毒性极强的白喉毒素。科学家研究显示，一个白喉毒素分子就可以杀死一个脆弱的细胞。

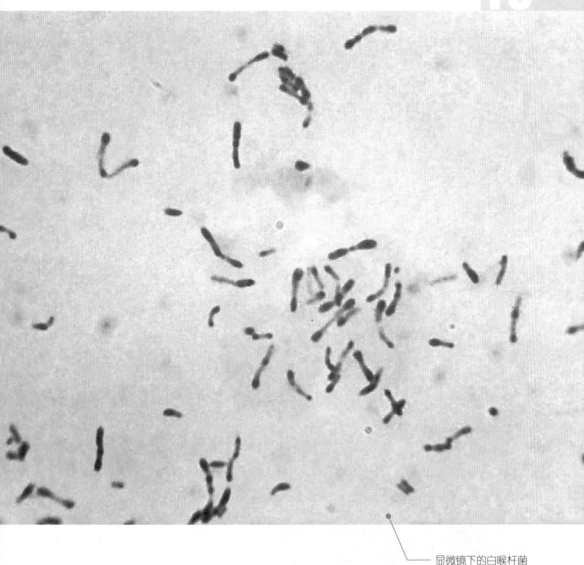

显微镜下的白喉杆菌

　　内毒素位于细菌内部，是革兰氏阴性菌细胞壁上的组成结构，在细菌正常生长时一般不排放到菌体外，只有在细菌死亡溶解时才会释放到体外。虽然是位于细菌内部，但它是细菌结构的一部分，对细菌本身不会造成伤害。内毒素通常会对人的血液系统产生影响，但是毒性相对于外毒素要弱一些。

　　外毒素和内毒素就像是细菌进攻的刀枪，给人类带来了不少烦恼，有些甚至会严重威胁到人类的生命健康。

是谁发明了抗生素?

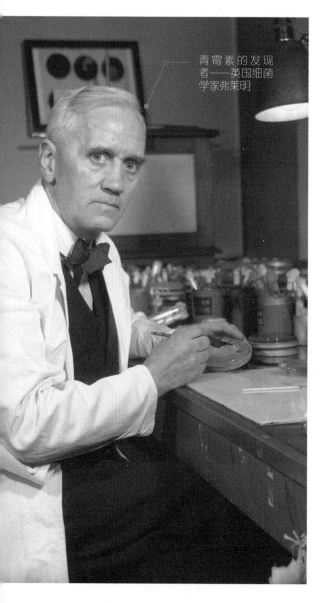

青霉素的发现者——英国细菌学家弗莱明

随着研究的发展，微生物学有了长足的进步，但对被感染的病人进行挽救生命的治疗却依然很困难。

第二次世界大战之后，抗生素的出现，让肺炎、结核病、脑膜炎、梅毒和许多其他疾病的发病率下降，并且挽救了无数人的生命。

说起抗生素的发明，不得不提到的是英国细菌学家亚历山大·弗莱明（1881—1955）。弗莱明早年进入英国伦敦大学圣玛丽医学院学习，毕业后留在母校的研究室，帮助导师进行免疫学方面的研究。

1928 年的一天，弗莱明发现偶然落在培养基上的青霉菌长出的菌落旁边没有细菌生长，弗莱明忽然意识到，这可能是由于青霉菌产生了某种化学物质，分泌到培养基里阻碍了细菌的生长。弗莱明的确发现了最早的抗生素——青霉素。

随后，弗莱明发表了题为《关于霉菌培养的杀菌作用》的研究论文，但并没有引起人们注意。尽管弗莱明认为青霉素将会有重要的用途，但他自己无法发明出提纯青霉素的技术，结果这一理论并没有变成实际的应用。

—— 正在进行研究的弗莱明

　　时间来到了 1939 年，英国科学家瓦尔特·弗洛里（1898—1968）和德国科学家鲍利斯·钱恩（1906—1979）重复了弗莱明的实验，并证实了他的结果，然后通过实验提纯了青霉素。

　　从 1941 年开始，青霉素被开始应用于救助病人，并大获成功。随后，人们又找到了大规模生产青霉素的方法。到了 1945 年之后，青霉素已经被全世界的医疗机构所采用，挽救了数以百万计的生命。1945 年，弗莱明、弗洛里和钱恩因为青霉素的发明，共同获诺贝尔生理学或医学奖。

　　时至今日，以青霉素为代表的抗生素依然是人们消灭细菌、战胜疾病的有力武器，并推动了生物制药的发展。今天的我们，能健康地生活、学习、工作、娱乐，其实都应该感谢这些科学家的付出和发明创造。

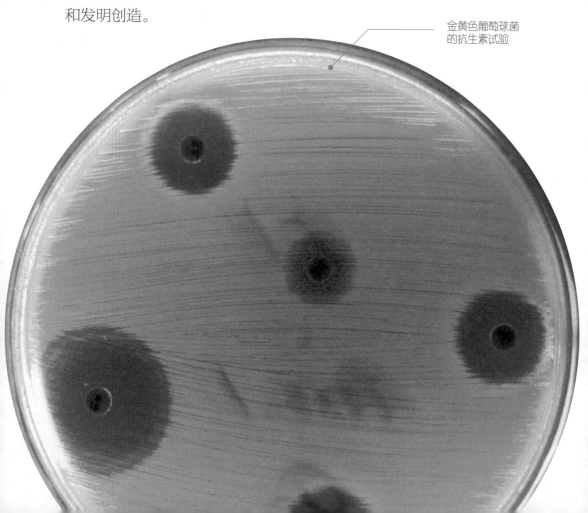

金黄色葡萄球菌
的抗生素试验

细菌并不都是"坏蛋"

俄国生物学家伊·梅契尼柯夫

细菌感染是导致我们生病的一个常见原因，所以很多人一听到细菌，就会不自觉地把它们和"坏蛋"画等号。但其实，这种想法并不科学，因为细菌也有"好坏"，有的细菌甚至还会对人体的健康有帮助呢。

提到乳酸菌，大家一定不陌生，我们日常喝的很多饮料都会标注是"乳酸菌"饮品。那么，究竟"乳酸菌"是一种什么样的细菌呢？其实，我们所提到的"乳酸菌"通常是一大类细菌的统称，指的是能够使糖类发酵而且主要产物是乳酸的一类细菌。目前已经发现的乳酸菌有 200 多种，其中绝大部分都对人体有益。

早在 20 世纪初期，俄国生物学家伊·梅契尼柯夫就向世人宣告：乳酸菌对人体健康有益。他通过研究发现，乳酸菌进入人体肠道后不仅可以抑制有害菌的生长，还能抑制有害菌产生毒素。

梅契尼柯夫还发现巴尔干半岛的居民经常饮用含有大量乳酸菌的酸奶，因此他认为这是巴尔干半岛居民长寿的重要原因，提出人类可以通过控制肠道菌群来延长寿命。可以看出，乳酸菌对人类是多么重要。

　　如果你喜欢吃清脆酸爽的四川泡菜，那么你一定也要感谢乳酸菌。四川泡菜在制作的过程中，除了在坛子里加入洗净的青菜和调味料，还会加入含有乳酸菌的卤水。在泡制过程中，乳酸菌会大量繁殖，成为泡菜坛子里的主要菌群。

　　青菜中含有大量纤维素，乳酸菌不含能分解纤维素和蛋白质的酶，因此它们不会把青菜的纤维素、蛋白质和氨基酸分解掉，这能保证青菜口感爽脆、风味独特。而且它们还能通过发酵作用将青菜中的碳水化合物代谢为有机酸，因此产生的酸性环境既能够抑制很多杂菌的生长又能赋予泡菜酸爽的口味，可谓一举两得。

　　据考证，四川泡菜的制作历史已有一两千年了。虽然我国古代的人并不知晓其中的生物学原理，但却已经学会利用乳酸菌了。

四川泡菜的美味离不开乳酸菌的功劳

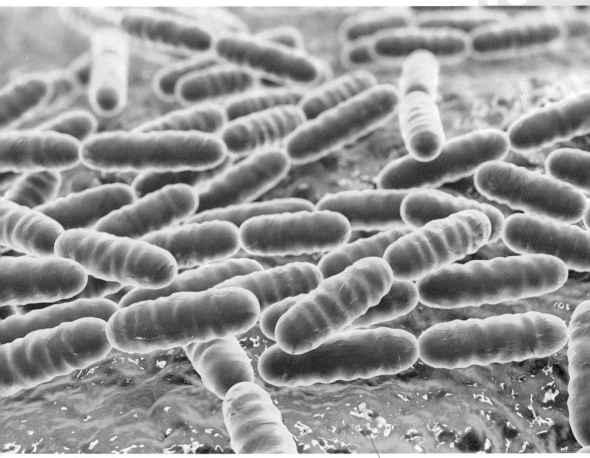

有益身体健康的双歧杆菌

　　除了乳酸菌，双歧杆菌还被发现有利于人体对维生素 D、蛋白质等营养物质的吸收，同时抑制沙门氏菌、大肠埃希菌等致病细菌的生长；酵母菌不仅能帮助酿造啤酒和面食发酵，而且还有利于改善便秘和保护肝脏的健康……

　　今天的微生物学正在蓬勃发展当中，科学家们利用微生物进行各种对人体有益的发明创造，比如用微生物来生产维生素、氨基酸、酶、生长补充剂和食品添加剂等。

　　总之，微生物既有可能对人类的健康造成威胁，也可能成为人类的"好帮手"，我们应该学会辩证地去看待微生物。

留给你的思考题

1. 除了面包、馒头，你还知道什么食物是通过发酵而制作的吗？
2. 了解了微生物的历史，你觉得未来微生物会有哪些应用的前景呢？

你知道吗？

丹麦细菌学家革兰

细菌有男女性别之分吗？这个问题也曾引起科学家的好奇。1884年，丹麦的细菌学家汉斯·克里斯蒂安·革兰创造了一种著名的染色法，成功地将细菌分为了两类。

这种方法是利用细菌细胞壁成分和结构的差异，经过染色细菌会呈红色或者紫色，其中，染上红色的细菌被叫作革兰氏阴性菌，而染上紫色的细菌被称为革兰氏阳性菌。

从此，每种细菌就都多了一个标签，即革兰氏阴性或阳性。常见的革兰氏阳性菌有葡萄球菌和链球菌；大肠杆菌和沙门氏菌则属于革兰氏阴性菌。

因此，了解病菌的分类情况，有助于医生对症下药，选择有效的抗生素进行治疗。